优秀技术工人
百工百法丛书

王树军工作法

设备的养护与修理

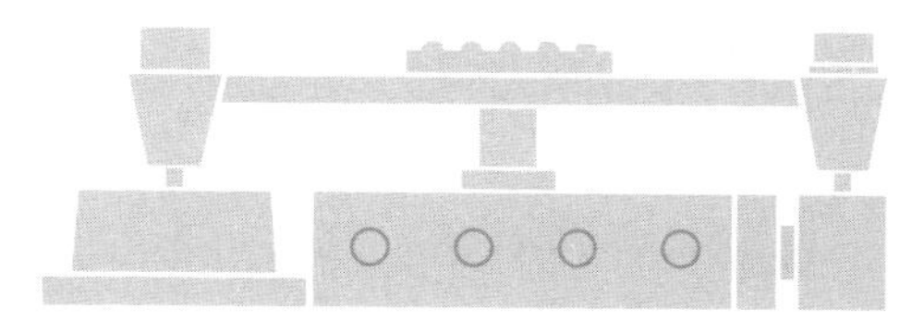

中华全国总工会 组织编写

王树军 著

中国工人出版社

技术工人队伍是支撑中国制造、中国创造的重要力量。我国工人阶级和广大劳动群众要大力弘扬劳模精神、劳动精神、工匠精神，适应当今世界科技革命和产业变革的需要，勤学苦练、深入钻研，勇于创新、敢为人先，不断提高技术技能水平，为推动高质量发展、实施制造强国战略、全面建设社会主义现代化国家贡献智慧和力量。

——习近平致首届大国工匠
创新交流大会的贺信

优秀技术工人百工百法丛书

编委会

编 委 会 主 任： 徐留平

编委会副主任： 马　璐　潘　健

编 委 会 成 员： 王晓峰　程先东　王　铎

张　亮　高　洁　李庆忠

蔡毅德　陈杰平　秦少相

刘小昶　李忠运　董　宽

优秀技术工人百工百法丛书

机械冶金建材卷

编委会

编 委 会 主 任： 陈杰平

编委会副主任： 关　明　张　杰　王晓洁　刘向东

编 委 会 成 员： 马　馨　王延磊　王　欣　王　勃
（按姓氏笔画排序）

史绍辉　朱　丹　刘　杰　齐登业

李卫东　邱银富　张　辉　张旭光

张贺雷　张晓莹　张鲁玉　陈立彬

陈晓峰　赵恒刚　贾庆海　高金良

梁志勇　解绍伟　翟　敏

序

党的二十大擘画了全面建设社会主义现代化国家、全面推进中华民族伟大复兴的宏伟蓝图。要把宏伟蓝图变成美好现实，根本上要靠包括工人阶级在内的全体人民的劳动、创造、奉献，高质量发展更离不开一支高素质的技术工人队伍。

党中央高度重视弘扬工匠精神和培养大国工匠。习近平总书记专门致信祝贺首届大国工匠创新交流大会，特别强调“技术工人队伍是支撑中国制造、中国创造的重要力量”，要求工人阶级和广大劳动群众要“适应当今世界科技革命和产业变革的需要，勤学苦练、深入钻研，勇于创新、敢为人先，不断提高技术技能水平”。这些亲切关怀和殷殷厚望，激励鼓舞着亿万职工群众弘扬劳模精神、劳动精神、工匠精神，奋进新征程、建功新时代。

近年来，全国各级工会认真学习贯彻习近平总书记关于工人阶级和工会工作的重要论述，特别是关于产业工人队伍建设改革的重要指示和致首届大国工匠创新交流大会贺信的精神，进一步加大工匠技能人才的培养选树力度，叫响做实大国工匠品牌，不断提高广大职工的技术技能水平。以大国工匠为代表的一大批杰出技术工人，聚焦重大战略、重大工程、重大项目、重点产业，通过生产实践和技术创新活动，总结出先进的技能技法，产生了巨大的经济效益和社会效益。

深化群众性技术创新活动，开展先进操作法总结、命名和推广，是《新时期产业工人队伍建设改革方案》的主要举措。为落实全国总工会党组书记处的指示和要求，中国工人出版社和各全国产业工会、地方工会合作，精心推出“优秀技术工人百工百法丛书”，在全国范围内总结100种以工匠命名的解决生产一线现场问题的先进工作法，同时运用现代信息技术手段，同步生产视频课程、线上题库、工匠专区、元宇宙工匠创新工作室等数字知识产品。这是尊重技术工人首创精神的重要体现，是工会提高职工技能素质和创新能力的有力做法，必将带动各级工会先进操作法总结、命名和推广工作形成热潮。

此次入选“优秀技术工人百工百法丛书”作者群体的工匠人才，都是全国各行各业的杰出技术工人代表。他们总结自己的技能、技法和创新方法，著书立说、宣传推广，能让更多人看到技术工人创造的经济社会价值，带动更多产业工人积极提高自身技术技能水平，更好地助力高质量发展。中小微企业对工匠人才的孵化培育能力要弱于大型企业，对技术技能的渴求更为迫切。优秀技术工人工作法的出版，以及相关数字衍生知识服务产品的推广，将对中小微企业的技术进步与快速发展起到推动作用。

当前，产业转型正日趋加快，广大职工对于技术技能水平提升的需求日益迫切。为职工群众创造更多学习最新技术技能的机会和条件，传播普及高效解决生产一线现场问题的工法、技法和创新方法，充分发挥工匠人才的“传帮带”作用，工会组织责无旁贷。希望各地工会能够总结命名推广更多大国工匠和优秀技术工人的先进工作法，培养更多适应经济结构优化和产业转型升级需求的高技能人才，为加快建设一支知识型、技术型、创新型劳动者大军发挥重要作用。

中华全国总工会兼职副主席、大国工匠

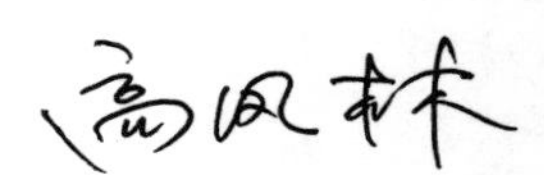

作者简介
About The Author

王树军

1974 年出生，中共党员，潍柴集团首席技师，一号工厂机修钳工，党的二十大代表。

曾获“全国劳动模范”“2018 年大国工匠年度人物”“全国五一劳动奖章”“中华技能大奖”“全国技术能手”“全国最美职工”“泰山产业领军人才”“齐鲁大工匠”等荣誉和称号，享受国务院政府特殊津贴。

多年来，他在高端装备维修维护方面积极探索，大胆尝试，独创的“垂直投影逆向复原法”“机械传动微调感触法”“反铣刀”“弹性支撑替代法”等操作法解决了多项生产难题，打破了高端装备精密部件外国厂商垄断维修的局面。近年来，为提升发动机产品一致性，他带领团队主动开展装备自动化、智能化改造，实施各类创新技术 250 多项，累计创造经济效益 6800 多万元，其工作室被中华全国总工会命名为“全国示范性劳模和工匠人才创新工作室”，被中国人社部命名为“国家级技能大师工作室”，被山东省总工会命名为“山东省劳模创新工作室”。

工/匠/寄/语

脚踏实地做实事，

办法总比困难多。

目　录
Contents

引 言
Introduction

设备又被称为工业母机，是我们重要的生产工具，也是生产车间的主要组成部分。设备就像人一样，人吃五谷杂粮，没有不生病的，设备在长期的使用过程中，也会“生病”，即发生故障。对设备管理而言，设备零故障运行是终极目标，零故障并不是设备真的不发生故障，而是我们通过一些有效手段使设备状态可控，尽可能杜绝故障，这才是设备管理工作的重中之重。

通过多年的实践，“以养代修”已成为我们设备管理的主线。本书对我们多年探索出的一套适用于高效生产模式的设备养护方法进行了总结提炼，概括为“四联养护法”，用于指导操作者与维修工对设备进行有效养护，从而确保生产设备可靠运行。

设备发生故障后需要维修。针对设备故障的处理，本书通过故障维修的案例，从处理思路、处理手段及防止再发生措施方面加以阐述，为探索更为科学的故障处理方法作出努力。

第一讲

设备四联养护法

始于 18 世纪 60 年代的第一次工业革命，实现了人类从手工劳动向动力机器生产的转变。从那时起，动力设备开始出现并迅速普及，最终成为人类生产生活中不可或缺的一部分。

设备只要使用就会发生故障。1950 年之前，对于设备故障，我们都是采用事后修理方式，也就是设备坏了再修理，即便是现在，这种方式依然存在。随着制造业的高速发展，被动的事后修理已越来越不适应当代生产模式。为避免设备突发故障造成损失，各个国家纷纷制定出适用于本国生产特征的设备管理制度，来降低设备的故障率，比如我国就出台了设备三级保养制度。

设备使用过程中，如果严格执行设备操作规程及设备三级保养制度，可有效降低甚至避免突发故障。但实际情况是，大多数企业在市场好、订单多的情况下，一级、二级这种耗时较长的设备保养往往执行难度较大，造成设备的三级保养流于形式。经过多年探索，我们逐步摸索出了一套适用于当代生产模式的设备养护方法，概括为“四联养护法”，中心思想是以防为主，以养代修，用于指导操作者与维修工对设备进行有效养护，从而确保生产设备可靠运行。

一、四联养护法遵循的措施和条件

1. 五个基本措施

（1）完善基本条件。做好日常的清扫、加油、紧固、调整、防腐等一些基础的保养工作。

（2）遵守使用条件。按照“设备三书”（设备操作作业指导书、设备维护保养作业指导书和设备润滑作业指导书）要求正确使用设备。

（3）使设备劣化得以修复。对损坏的零件进行修复或更换。

（4）提高操作、保养技能。让操作者、维修工根据操作养护规程，不断提升操作保养的技能技艺。

（5）对设备上的缺陷进行改造或改装。

2. 四项必要条件

（1）确立标准。是指为了让设备状态可控而采取一些有效措施的标准。生产设备品种很多，不同类型的设备需要的应对措施也不一样，要根据设备特点来量身定制各项应对措施的标准。

（2）全员参与。设备有效运维不单单是操作者、维修工的工作，而是设备全生命周期所有涉及的人员都要参与到设备管理中。

（3）措施到位。确保我们针对不同设备量身定制的应对措施执行到位。

（4）持续改进。对制定的标准以及措施执行过程中的不足之处及时修正改进。

二、四联养护法的实施

1. 设备生命周期的不同阶段

我们可以把“设备的一生”分为 13 个阶段，如图 1 所示：设备生产厂家接到用户订单，根据用户的产品对设备生产进行规划；对所使用的主要部件进行选型；对设备主体结构及各组成部分进行设计；之后对规划、选型、设计的工作进行论证；确认无误后进行制造；安装调试；加工出合格工件后，通知用户验收；交付用户使用；整个使用过程中要面临维保、检修，不合理的地方要改造；最后直到设备报废、更新。在这 13 个阶段中，我们可以把前 6 个阶段称为设备孕育期，而在之后的 7 个阶段里，使用阶段在里面是时间最长的。

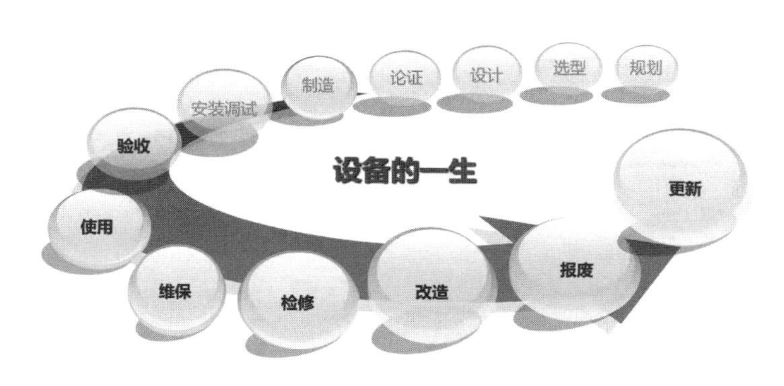

图 1　设备的一生

在这 13 个阶段中，用户可能更关注包括验收在内的后 7 个阶段。实际上，在验收之前，从规划到安装调试的 6 个阶段，即设备孕育期更为重要。因为设备故障一般分为先天性故障和使用性故障，先天性故障是指设备生产厂家在设计、制造设备时造成的故障；使用性故障则是由于用户的误操作、维护不当或者自然劣化而造成的故障。相对于使用性故障，我们对先天性故障应更为重视。因此，处于设备生命周期最前沿的孕育期，如果用户能深度地参与进去，会消除很多生产厂家在设计、制造设备时，因不当措施造成的先天性故障。这些阶段的技术交流、方案讨论、图纸会审等工作尤为关键，毕竟用户自身会更加熟悉设备将来的使用等实际情况，尤其是一些定制化设备。

设备验收、使用，一直到报废、更新这 7 个阶段，我们都希望设备可动率最高，这样才能保证效益最大化。要想让设备运行时少出故障或者不出故障，就需要全员参与。其中，操作者、维修工的工作比重应该是最大的。如果把设备比作一个小孩，那么操作者和维修工就是这个小孩的“监护人”和

“私人医生”。要让这个小孩不生病、健康成长，就需要监护人和私人医生的认真护理。这个护理和中医养生的最高境界“治未病”异曲同工。对于设备的管理，“治未病”理念也是我们一直推崇的，相较于解决问题的能力，发现问题、不让问题发生的能力更重要。

2. 四联养护法的内容及概念

四联养护法由四部分组成：点检、专项养护、日常保养、定期保养。

（1）点检。是指借助人的感官或仪器，对设备进行检查并记录设备运行状态的管理方法。点检的项次需要我们针对不同设备量身定制。点检就相当于我们人做体检，可以早期发现疾病隐患。因此，在四联养护法中，它是最重要的部分，承担发现设备问题和隐患的任务。

（2）专项养护。根据点检情况和产品的检验结果，专门作出修理作业计划，由维修工或机修车间对设备进行针对性修理、保养以及大修、项修作业，作业计划时间根据生产实际情况灵活安排，目的是排除点检过程中暴露出的设备精度隐患及其他隐患。

（3）日常保养。由操作者和维修工在每次班前、班中进行的一些小型维护，做一些基础性的保养工作。

（4）定期保养。由操作者和维修工在厂休日对设备进行重点部位的中型维护。定期保养作业内容通常采用项次循环制，集中人员进行操作。

对于日常保养和定期保养的项次和方法，每一类设备都要依据设备维护保养作业指导书并根据设备特点去量身定制。

3. 四联养护法的具体措施

（1）点检

点检是为了提高、维持生产设备的原有性能，通过人的五感（视觉、听觉、嗅觉、味觉、触觉）或者借助工具、仪器，按照预先设定的周期和方法，对设备上的规定部位进行有无异常的预防性周密检查，使设备的隐患和缺陷能够得以早期发现、早期预防、早期处理的设备检查过程。从原则上讲，点检是为专项养护提供目标和任务的，要区别于修理，如图2所示，它只做检查，并不进行修理。但在实际操作中，点检与专项养护二者要灵活运用。比如，如果在点检过程中发现一些调压阀压力需要调整等可随手处理的小问题，就没必要列入专项养护计划；如果发现诸如液体、气体严重泄漏或零部件明显松动之类的必须立即停机修理的问题，可以忽略专项养护计划，立即组织人员抢修。

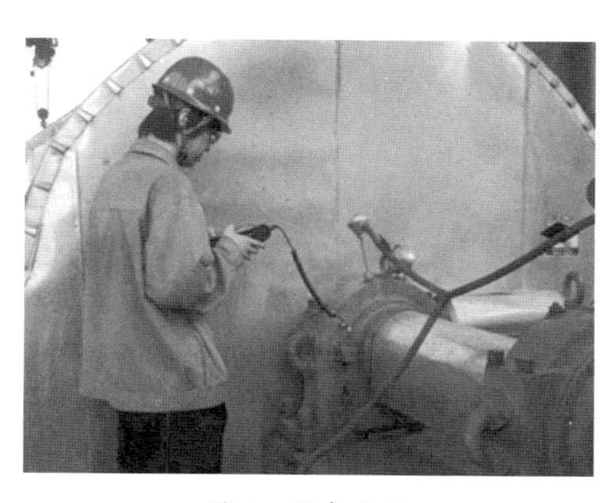

图2　设备点检

根据设备的特性特点，有十项指标需要在点检时重点关注，简称“点检十要素”，包括压力、温度、流量、泄漏、润滑、异音、振动、折损、磨损和松弛。这十项指标的好坏，直接关系到设备能否正常运行。

压力，包括液压压力、压缩空气压力、润滑压力等，各级压力是设备所需的基本动力指标，对设备的整体功能影响很大。检查方法是使用各种对应仪表进行显示或检测，图 3（a）所示的是设备所需的各级压缩空气的压力指示表，接入压缩空气后可以直接读出数值；图 3（b）所示的是设备润滑压力，

（a）压缩空气压力指示表

（b）检查润滑压力

图 3　设备压力仪表

由于大多数设备使用定时润滑方式，所以检查时需要人工触发，使润滑程序启动，读取压力值后，与旁边铭牌上的理论压力值进行对比，就可以判断出设备是否正常。

温度，反映出的是温升状况。设备零部件运转到一定时间都会产生温升，但异常的温升极易引发部件性能下降或造成零件损坏，图 4 所示的就是因高温损伤的电机轴承，因此对温升需进行即时监控。对于设备需要关注的温升，包括但不限于液压站油液温升、各电机的温升、配电箱温升，可以使

图 4　高温损伤的电机轴承　图 5　使用红外测温仪测量温升

用红外测温仪测量，如图 5 所示。一般来说，采集温度时会受环境影响，所以判断温度是否异常可以采用对比法，同样环境下，相同功率的负载差值一般不会超过 10%。

流量，是指单位时间内流经封闭管道有效截面的流体量。在设备中，我们通常需要关注以液压、气动为动力源的执行元件的动作是否到位。比如，要检验液压夹具的摆臂或者夹爪是不是到位、夹紧了，一般会采用到位后触发行程开关或感应开关这种形式。但是有些环境，比如狭小空间、处于湿式加工状态的环境，就无法采用触发开关形式，这时我们会采用流量监测技术，即用体积流量计量器采集、检测。

体积流量计量器的工作原理，如图 6 所示，即齿轮马达原理，在测量腔内无接触运行的齿轮由流经的液流驱动，运动信息由盖板内安装的两个传感器在不接触的情况下取样。齿轮旋转产生的齿积由传感器发出对应的几何齿积信号，该信号再由放大器转化为方波电信号传输给控制系统加以比对，来判断执行元件的到位情况。

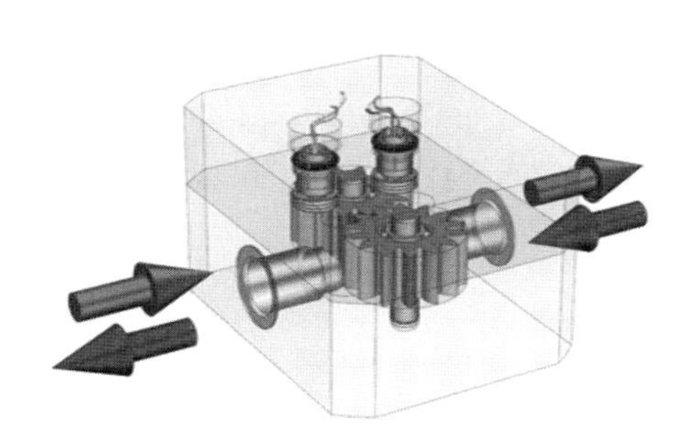

图 6　体积流量计量器工作原理

除此之外，如果安装有体积流量计量器的支路出现泄漏，同样也会触发异常报警。所以，对于流量的点检，我们可以从设备的报警信息中获取。

泄漏，主要是设备零部件密封元件的损伤或损坏造成的液体或气体的非正常溢出现象。如图 7 所示，泄漏现象会造成能源的浪费并污染环境，大量的泄漏容易造成安全事故。前面我们介绍过，安装有体积流量计量器的支路出现泄漏，会触发机床的异常报警，但大部分的泄漏问题可以通过目测或听觉发现。

（a）液体泄漏污染地面

（b）可燃物泄漏诱发火灾

图 7　泄漏的液体和可燃气体易造成环境污染及火灾

润滑，是维持设备正常运转不可或缺的重要因素，广泛应用在生产生活中，也是设备维护的重点项次，如图 8 所示。润滑的根本是一层 0.05~0.15mm 厚的油膜，润滑的作用有很多：减少摩擦、吸收和振动，帮助散热，防止生锈和腐蚀，抵挡尘埃和杂质的侵入，还能作为冲洗介质。因此，润滑对维持设备的正常运行有巨大的作用。在设备点检中，我们需要关注的是润滑油的储量是否合理、实际的润滑状态是否正常。

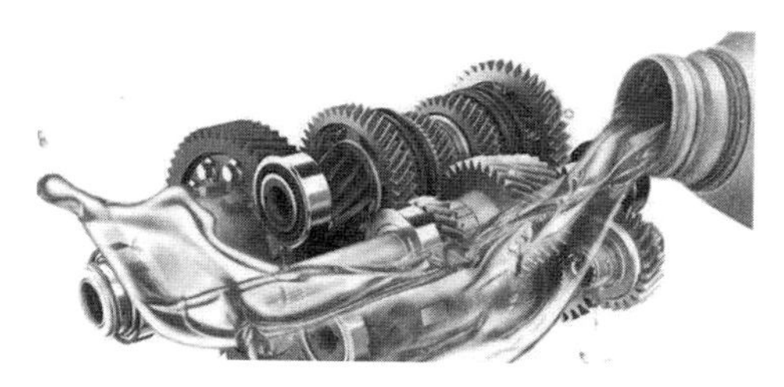

图 8　润滑应用

异音和振动，设备如果出现异音和振动，多数情况下说明这个部位已处于不正常状态。异音和振动大多发生在液压系统或高速旋转的部件中，如液压系统油泵抽空、控制阀由于内卸产生的压降、液压管路混入气体或产生共振、电机转子不平衡、轴承磨损等情况。检查异音和振动可用视觉、听觉、触觉去判断，也可使用专用仪器获取相应数据，如

图 9 所示，并根据具体情况采取针对措施进行处理。

（a）利用听觉和触觉检查旋转部件的异音和振动

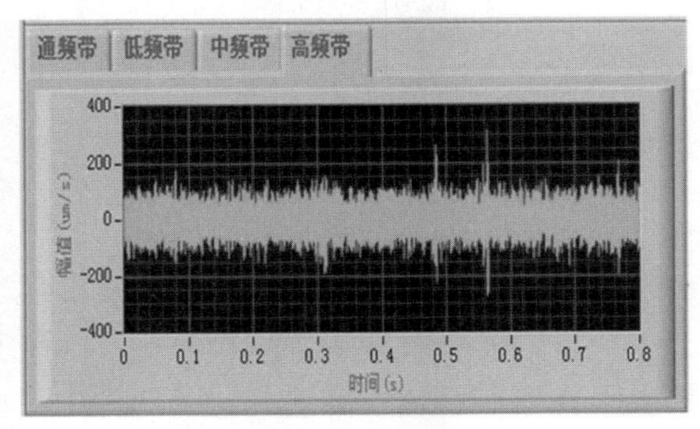

（b）专用仪器检测异音和振动

图 9　异音和振动的感官检查及测振仪器检查

折损和磨损，是设备零部件损伤到一定程度的显现，如图 10 所示。这种损伤，可以很容易通过视觉、触觉来判断，损伤的零件也只能通过更换或机械修复来处理。

（a）折损的齿轮

（b）磨损的平键槽

图 10　明显的齿轮折损及平键槽磨损

松弛，大多是因为张力不足引起的。以皮带为例，我们对皮带松弛的判断一般是在静止的皮带上施加大约10kg的压力，皮带的压下量在7~15mm时，皮带张力比较合适，如果压下量过大，则皮带张力不足，这是经验方法。现在比较先进的方法是通过测量频率的方式来检查传动皮带的张紧情况，一般采用频率检测仪直接获取数值。

以上就是对“点检十要素”的介绍。因为设备类型较多，需要点检的范围可能不单单围绕这十项要素。作为设备管理者，我们应根据设备特点、特性，正确划定点检要素，认真制定点检项次，从而更好地指导点检人员执行。

点检工作有效执行的方法与措施有以下几点。

第一，要确定设备的点检项目和工作标准。点检项目要根据设备特性量身定制，点检标准是对如何开展点检工作的指导。通常根据点检项目的特点，把点检项目分为操作人员点检项和维修人员点检项两类，并采用实物图片的形式来展示点检位置，再用文字对点检的内容进行详细描述，给点检人员提供清晰的点检指导。由于图卡上的点检位置采用实物图片形式，可方便人员目视化作业，因此，我们把它称为设备点检目视化图卡，如图 11 所示。

（a）某类设备的操作人员点检目视化图卡

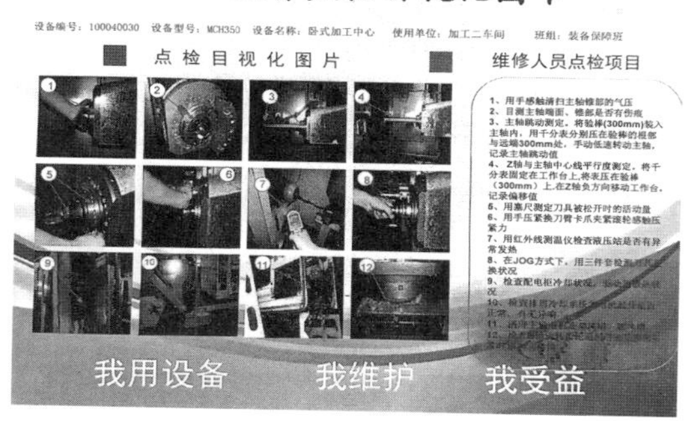

（b）某类设备的维修人员点检目视化图卡

图 11　操作人员点检目视化图卡及维修人员点检目视化图卡

第二，要确认点检工作的执行输出情况。点检项目和工作标准采用目视化图卡确定后，执行情况采用在设备日常点检卡上打钩的形式来确认，如图 12 所示。将设备日常点检卡放置在设备点检目视化图卡旁边，点检人员根据设备点检目视化图卡完成指定部位点检后，在点检卡中日期与项次对应的框内打钩，用来输出该部位的点检作业已完成情况。每一周结束时，再由设备所在班组的班组长对点检人

设 备 日 常 点 检 卡

设备编号：100040042　　设备型号：HM800　　设备名称：卧式加工中心　　使用单位：一号工厂 加工二车间　　班组：缸盖一班

序号	点检部位	点检项次	点检标识	点检周期	2016 年 10 月 操作人员点检记录																														
						2	3	4	5	6	7		9	10	11	12	13	14	15		17	18	19	20	21	22		24	25	26	27	28	29	30	31
1	机床防护	(1)	√	1/班			√	√	√	√	√	√	√	√	√	√	√	√	√	√	√	√	√												
2	润滑装置	(2)	√	1/班			√	√	√	√	√	√	√	√	√	√	√	√	√	√	√	√	√												
		(3)	数值（MPa）	1/班			1.6	1.6	1.6	1.6	1.6	1.5	1.6	1.6	1.5	1.6	1.6	1.6	1.5	1.6	1.6	1.6	1.6												
		(4)	√	1/班			√	√	√	√	√	√	√	√	√	√	√	√	√	√	√	√	√												
3	空压装置	(5)	数值（MPa）	1/班			0.5	0.5	0.5	0.5	0.5	0.5	0.5	0.5	0.5	0.5	0.5	0.5	0.5	0.5	0.5	0.5	0.5												
		(6)	数值（bar）	1/周		1.0		点检人：A 日期：10.3					1.0		点检人：A 日期：10.8						1.0		点检人：A 日期：10.16						点检人： 日期：						
		(7)	√	1/班			√	√	√	√	√	√	√	√	√	√	√	√	√	√	√	√	√												
4	液压装置	(8)	数值（MPa）	1/班			5	5	5	5	5	5	5	5	5	5	5	5	5	5	5	5	5												
		(9)	√	1/班			√	√	√	√	√	√	√	√	√	√	√	√	√	√	√	√	√												
		(10)	√	1/班			√	√	√	√	√	√	√	√	√	√	√	√	√	√	√	√	√												
5	冷却及排屑装置	(11)	√	1/班			√	√	√	√	√	√	√	√	√	√	√	√	√	√	√	√	√												
		(12)	√	1/班			√	√	√	√	√	√	√	√	√	√	√	√	√	√	√	√	√												
6	刀库	(13)	√	1/班			√	√	√	√	√	√	√	√	√	√	√	√	√	√	√	√	√												
7	电气装置	(14)	√	1/班			√	√	√	√	√	√	√	√	√	√	√	√	√	√	√	√	√												
		(15)	√	1/班			√	√	√	√	√	√	√	√	√	√	√	√	√	√	√	√	√												
8	制冷装置	(16)	√	1/班			√	√	√	√	√	√	√	√	√	√	√	√	√	√	√	√	√												
点检符号	完好：√；异常：△；待修：×；修好：⊗ ◬；停机/休班：T	“1/班”点检人：			T	T	A B	A B	A B	A B	A B	A B	A B	B A	B A	B A	B A	B A	B A	A B	A B	A B	A												
		班长周检及日期：			刘[illegible] 10.4								刘[illegible] 10.9								刘[illegible] 10.17														
		车间设备主任月检及日期：			[illegible] 10.19																														
		点检人代码：			A（姓名/工作证号）：[illegible]/1073217								B（姓名/工作证号）：[illegible]								C（姓名/工作证号）：														
备注																																			

版本：A1　　修改次数：1次　　修改日期：2015年4月　　保存部门：各专业厂　　保存期限：2年　　QR4.9-39

图 12　设备日常点检卡

员的点检情况进行确认。

第三，要不断改进方法来促进点检工作的有效执行。在点检工作运行初期，经常有作业人员只在点检卡上打钩却并不进行点检的现象。其实这也属正常，因为设备操作者与维修人员长期受事后修理机制的影响，思想仍然停留在设备坏了才修的层面，没有主动养护设备的意识，才会导致这种情况出现。点检内容制定好后，怎么才能让点检人员执行到位，这一点与内容的合理制定同样重要，也是设备管理人员更应该考虑的。内容制定得再完备，贯彻执行不到位，也达不到预想效果。针对这种现象，可以采用附加点检圆盘与启用相应考核制度的形式来强制执行。

针对贯彻执行前期出现的问题，对点检制度进行改进，制作了点检圆牌。如图 13 所示的圆圈内标示的圆牌，圆牌背面有磁条，可以吸附在点检位置附近，圆牌上标注的是日期，每一次点检后，作业人员在点检圆牌对应的日期上打钩确认。这项措施能确保点检人员到达需要点检的位置，既然都到这个位置了，也就顺其自然再检查一遍，这样就会慢慢养成点检的习惯。

图 13　点检位置附近的点检圆牌

在执行情况的确认上，可以在点检卡的确认栏添加车间主任每半个月不定期的检查点检情况，结合点检部位、点检圆牌以及点检卡，对点检人员的工作进行确认，对执行不到位的，在车间内实行考核。设备点检三级责任制的建立，将点检工作切实提升到车间管理层面，从而确保点检工作不流于形式。

以上是设备点检工作的做法。执行的过程中，设备的点检项目和工作标准可根据实际情况进行不断优化修正，目的是更好地提升点检效果。同时，要严格把控点检执行到位程度，这是最重要的。点检出的设备隐患和问题再通过专项养护去消除解决，坚持点检，就会形成良性循环，设备的突发性故障也会明显降低。目前，大多数参与直接生产的一线员工薪酬多采用计件方式，即多劳多得，设备突发性故障减少，每天生产的工件就会增多，一线员工的收入也会随之提升，维修人员的“救火式”抢修工作随之减少，操作者与维修工也就会越来越感觉到点检工作带来的便利，从而转变对待点检工作的态度。经过两年的措施实施，就能收到让点检人员主动认真点检的预期效果。

（2）专项养护

专项养护可以理解为计划性维修。它是根据设备点检反馈或者加工工件的检测结果，由维修工或机修车间对设备进行针对性修理、保养以及大修、项修作业，作业计划时间根据生产实际情况灵活安排，目的是排除点检过程中暴露出的设备精度隐患及其他隐患。由此可以看出有效点检的重要性，就相当于人的定时体检。多年来，我们 85% 以上的专项养护项目都是来自设备的点检反馈，这是杜绝生产过程中突发性故障的主要手段。

专项养护需要关注两点：一是维修过程中的所有环节准备工作要做充分。专项养护有很强的计划性，因而会有充足的时间去做针对性的准备，包括维修方案的制定、所需要的设施工具的提前准备、作业人员的组织等，只有做细这些准备工作，才能在最短的时间内达到最好的效果，尽可能地降低停机时间。二是做好问题的防止再发生工作。在设备小修领域，没有越修越好的设备，因此，处理设备问题时需要尽可能提早地把引发问题的原因分析清楚，通过对问题部位进行改进完善，从而彻底解决问题，而这些改善工作在处理问题时应尽量一并实施。

（3）日常保养与定期保养

除了点检发现问题再通过专项养护及时排除故障，设备的日常保养与定期保养也是降低设备突发性故障的有效措施，这就和私家车需要按时去做保养是一个道理。

日常保养是由作业人员每个班前、班中进行的一些基础性的简单保养工作。定期保养则是由作业人员在设备不生产时进行的重点部位的中型维护作业。对于这两类保养的项次和方法，都要依据设备厂家提供的说明书去制定，同样也要根据设备的实际工况进行优化改进，以达到更好的效果。由于这两类养护的性质一样，因此把它们放在一起介绍。

在我国设备三级保养管理制度中，同样包含日常保养和定期保养。但是，随着生产设备的升级换代，原有的制度模式已经无法适应现代生产模式。以定期保养为例，由于这类作业需要对设备一些较关键部位进行拆解、养护、组装、调试，对于结构相对简单、品质中端的设备来说，如果有专人配合，一个工作日就可以完成设备的定期养护任务。但随着高质量发展的不断深入，大多数生产线的设备配置越来越完备，品质越发高端化，对于这类设备，再执行原有标准，有效完成定期养护任务的可能性越来越小，加之各生产线设备工作任务的饱满度越来越高，停机维护时间越来越少，因此极有可能导致该项工作流于形式。

针对以上现象，可以采用较为灵活机动的循环养护模式，把设备日常、定期保养内容化整为零，然后寻找时间，集中力量各个击破。具体做法如下：

首先，需要制定专门的设备维护保养作业指导书来指导作业人员进行日常及定期保养作业。指导书采用可视性图卡形式，根据设备厂家提供的说明书及设备实际工况来制定各项作业的标准，如养护部位、作业周期、执行标准等。如图 14 所示，我们对某一款加工中心罗列出 15 个需要维护保养的部位，并且对每一个部位的保养周期及其他注意事项做出了说明及规定。

WEICHAI 维护保养作业指导书

单位	车间	班组	设备编号	设备型号名称	文件编号/版本号
一号工厂	加工二车间	缸盖一班	100040098	HM8000 卧式加工中心	AWP9CY172063/A1

维护保养简述

维护保养的对象为HM8000卧式加工中心，主要由主轴、工作台、换刀机构、托盘交换机构、刀库、液压系统、气压系统、润滑系统、冷却系统、排屑系统、控制系统等组成。定期维护保养的内容主要包括：擦拭机床外表、清洗规定的部位，检查各运动部件的磨损情况，疏通润滑油路、管道，检查调整机能部件，对整体的液压系统和润滑系统进行保养。主要目的是减少设备磨损，消除隐患、延长设备使用寿命，提高生产效率，为完成生产任务在设备方面提供保障。

维护保养目录

序号	保养部位	周期	页数	序号	保养部位	周期	页数
1	机床内外表面	每天	2	15	刀库	3个月	6
2	油冷机	每月	2		试车	/	7
3	润滑站	每月	2		整顿现场	/	7
4	风动三联件	每月	3				
5	液压站	3个月	3				
6	排屑系统	每月	4				
7	内冷机	每月	4				
8	配电柜	3个月	4				
9	操作面板	每天	5				
10	油压仪表	每天	5				
11	液压工装	每周	5				
12	主轴	每月	5				
13	ATC换刀机械手	3个月	6				
14	工作台	3个月	6				

安全注意事项

1. 在进行设备维修保养时，必须遵守《安全技术操作规程》。
2. 在维修、维护、清理、保养设备工作前，必须在动力开关处悬挂“禁止合闸”的警示牌，必要时设人监护或采取防护措施；警示牌必须做到谁挂谁取，其他人员严禁擅自摘牌合闸。维修、维护、清理、保养设备工作完成后，在设备动力开关合闸前必须仔细检查，确保无危险时方准合闸。 3. 非电气工作人员严禁修理电气设备及线路。

现场准备事项

1. 按四项要求整顿设备现场
2. 准备相关工具和用品

包括：755清洗剂、按1:7稀释的GG435溶液（或功能相同的清洗溶液）、煤油、润滑脂、油枪、擦机布、毛刷、内六角扳手、活扳手、HSK刀柄三件套、验棒、千分表、磁力表座、4mmT型扳手、5mmT型扳手、开口扳手一套、十字螺丝刀、平口螺丝刀、塞尺 、电笔、 秒表、吸尘器、百洁布、废液盒。

编制		校对		审核		确认		发布时间		修订时间		第 1 页	共 7 页

图 14 维护保养作业指导书内容一

针对保养部位的作业标准，包括但不限于作业人员、作业的具体步骤和方法，所用的工具辅料同样需要仔细制定，并配备图片说明，从而确保保养作业的正确性与规范性，如图 15 所示。

其次，需要确定养护模式，制定作业图表，从

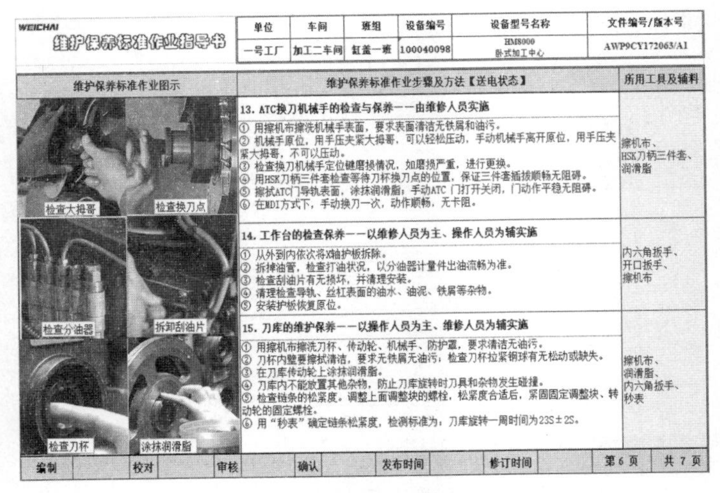

WEICHAI 维护保养标准作业指导书

单位	车间	班组	设备编号	设备型号名称	文件编号/版本号
一号工厂	加工二车间	缸盖一班	100040098	HM8000 卧式加工中心	AWP9CY172063/A1

维护保养标准作业图示	维护保养标准作业步骤及方法【送电状态】	所用工具及辅料
检查大拇哥 检查换刀点	**13. ATC换刀机械手的检查与保养——由维修人员实施** ① 用擦机布擦洗机械手表面，要求表面清洁无铁屑和油污。 ② 机械手原位，用手压夹紧大拇哥，可以轻松压动，手动机械手离开原位，用手压夹紧大拇哥，不可以压动。 ③ 检查换刀机械手定位键磨损情况，如磨损严重，进行更换。 ④ 用HSK刀柄三件套检查等待刀杯换刀点的位置，保证三件套插拔顺畅无阻碍。 ⑤ 擦拭ATC门导轨表面，涂抹润滑脂；手动ATC 门打开关闭，门动作平稳无阻碍。 ⑥ 在MDI方式下，手动换刀一次，动作顺畅，无卡阻。	擦机布、 HSK刀柄三件套、 润滑脂
检查分油器 拆卸刮油片	**14. 工作台的检查保养——以维修人员为主、操作人员为辅实施** ① 从外到内依次将X轴护板拆除。 ② 拆掉油管，检查打油状况，以分油器计量件出油流畅为准。 ③ 检查刮油片有无损坏，并清理安装。 ④ 清理检查导轨、丝杠表面的油水、油泥、铁屑等杂物。 ⑤ 安装护板恢复原位。	内六角扳手、 开口扳手、 擦机布
检查刀杯 涂抹润滑脂	**15. 刀库的维护保养——以操作人员为主、维修人员为辅实施** ① 用擦机布擦洗刀杯、传动轮、机械手、防护罩，要求清洁无油污。 ② 刀杯内壁要擦拭清洁，要求无铁屑无油污；检查刀杯拉紧钢球有无松动或缺失。 ③ 在刀库传动轮上涂抹润滑脂。 ④ 刀库内不能放置其他杂物，防止刀库旋转时刀具和杂物发生碰撞。 ⑤ 检查链条的松紧度。调整上面调整块的螺栓，松紧度合适后，紧固固定调整块、转动轮的固定螺栓。 ⑥ 用“秒表”确定链条松紧度，检测标准为：刀库旋转一周时间为23S±2S。	擦机布、 润滑脂、 内六角扳手、 秒表

编制		校对		审核		确认		发布时间		修订时间		第 6 页	共 7 页

图 15 维护保养作业指导书内容二

而确保养护作业的有效性。具体做法是把保养作业内容细分，采用定点循环养护模式。根据设备维护保养作业指导书指定的维保周期，把较短时间内完成的项次安排到日常保养作业范畴，这些项次又分为每天必须做的和一周内必须做一次的。每天必须做的维保内容相对简单，大多可以不停机作业，其他项次由保养人员灵活安排时间，如图 16 所示。主要是得利用生产间隙时间，因为各工序节拍不同，所以设备都有等待时间，耗时短的项次可以利用这一段时间进行维护。保养的效果同点检一样需要确认，日常保养的循环计划及养护效果确认由设备所在班组的班组长进行把控。

WEICHAI

加工中心日常保养定点循环图表

单位	车间	班组	设备编号	设备型号名称	文件编号/版本号
一号工厂	加工二车间	缸盖一班	100040098	[illegible]M8000 卧式加工中心	AWP9YH172064/A1

序号	保养日期	保养部位	保养内容	责任人	保养日期及签字确认
1	每天	机床外表	利用生产空隙，自上而下清理设备外表面，达到各表面清洁无油污	操作者	
2	每天	空压系统	清理气动件表面，气动三联件及时排液，清理过滤器滤芯，添加或更换雾化杯润滑油	操作者	
3	一三五	温控装置	清理各制冷机表面及过滤网，达到表面无灰尘油污，管路无泄漏	操作者	
4	一四	液压系统	自上而下清理液压站表面，达到各表面无积液油污	操作者	
			检查加油口，保证油口下胶垫密封良好，盖子无破损		
5	二五	工装	自上而下用水枪对两工装、托盘进行清洗及清理，达到各表面无积泥，检查工装各定位销、块是否正常	操作者	
6	二	主轴	清理主轴外表面，清理主轴内锥面及外端面，达到各表面无积屑油污。	操作者	
7	三	排屑系统	自上而下清理冷却站及排屑装置表面，达到各表面无积液油污，及时按要求添加水及切削液	操作者	
8	四	ATC	清理换刀机械手手爪，紧固刀具定位块	操作者	
9	五	润滑系统	自上而下清理润滑站表面，达到各表面无积液油污，及时按要求添加油液	操作者	
10	一四	电器	清理电柜内杂物，除尘，整理包扎管线	维修工	
11	二五	空压系统	检查三联件状态是否良好	维修工	
			检查调整各级压缩空气压力至正常值	维修工	
12	三六	润滑系统	润滑装置手动操作，检查润滑泵压力	维修工	

备注：
①在进行设备维修保养时，必须遵守《安全技术操作规程》
②在维修、维护、清理、保养设备工作前，必须在动力开关处悬挂"严禁合闸"的警示牌，必要时设人监护或采取防护措施；警示牌必须做到谁挂谁取，其他人员严禁擅自摘牌合闸
③维修、维护、清理、保养设备工作完成后，在设备动力开关合闸前必须仔细检查，确保无危险时方准合闸。
④非电气工作人员严禁修理电气设备及线路

维护保养人员姓名	操作者	A	B	C	维修人员	A	B	C

说明：保养人员按照保养日期认真做好规定项次，完成后由保养人填入日期与人员代码。

图 16　日常保养定点循环图表

除日常保养项次外，其他项次安排到定期保养作业范畴。如图 17 所示，这些部位的作业要求较高，耗时较长，一般在维护保养作业指导书规定的

WEICHAI　加工中心定期保养定点循环图表

单位	车间	班组	设备编号	设备型号名称	文件编号/版本号
一号工厂	加工二车间	缸盖一班	100040098	HM6000 卧式加工中心	AWP09H17206S/A1

序号	保养部位	保养内容	责任人 \ 日期	保养日期及签字确认
1	液压系统	自上而下清理电机散热槽、风扇翅、罩、散热器及注油过滤器	操作者	
		液压站清理换油、清理或更换回油过滤网。	操作者	
2	润滑系统	清理润滑站表面并手动打油检查润滑泵压力，清理注油过滤网	操作者	
		抽检润滑点，检查润滑情况	维修工	
3	冷却排屑系统	清理各电机散热槽、风扇翅、罩。	操作者	
		清理冷却液水箱及各级过滤网	操作者	
4	X轴防护	拆卸护板，清理防护下切屑，注意管线捆扎及接头防护	操作者	
		拆检润滑分配器，检查导轨润滑情况，管线整理	维修工	
		检查更换护板密封条	操作者	
5	Z轴防护	拆卸护板，清理防护下切屑，注意管线捆扎及接头防护	操作者	
		拆检润滑分配器，检查导轨润滑情况，管线整理	维修工	
		检查更换护板密封条	操作者	
6	主轴	清理主轴内锥面及外端面，检查磨损情况，修研磨损点	维修工	
		清理拉刀器各片瓣，检测拉刀力，润滑拉刀器。	维修工	
7	APC	自上而下清理工装、托盘、工作台切屑	操作者	
		检查工装定位块磨损状况及夹紧爪固定情况，检查夹具动作	操作者	
8	ATC	清理预备位刀座锥孔及刀具输送路线污物	操作者	
		清理换刀机械手及自动换刀装置	操作者	
9	刀库	清理刀库内异物及各刀座锥孔，检查夹持钢球状况	操作者	
10	设备顶部	清理设备顶部各附件及护板外表，达到各表面无积屑油污	操作者	
11	设备底部	清理设备底部各附件及护板外表，达到各表面无积屑油污。	操作者	
12	电器	检查各电器开关压线情况，确保牢固无虚接	维修工	

备注：
①在进行设备检修保养时，必须遵守《安全技术操作规程》
②在维修、维护、清理、保养设备工作前，必须在动力开关处悬挂“严禁合闸”的警示牌，必要时设人监护或采取防护措施；警示牌必须做到谁挂谁取，其他人员严禁擅自摘牌合闸
③维修、维护、清理、保养设备工作完成后，在设备动力开关合闸前必须仔细检查，确保无危险时方准合闸。
④非电气工作人员严禁修理电气设备及线路

说明：
1. 设备的外表擦拭属于日常保养范围，定期保养不再重复。
2. 定期保养班，各班合理安排保养项次，每次保养结束班长确认效果，合格后保养人员签字。

图 17　定期保养定点循环图表

周期内，利用厂休日或者采用迂回生产方式，针对某一台设备，拿出专门的时间、组织专门的人员进行保养，做到该部位的彻底养护。这种方式很好地解决了作业人员不充足以及养护和高产之间的矛盾，但需要注意的是要确保项次循环的有效性，确保在规定的周期内完成该部位的养护。因定期保养需要的时效性较强，建议养护的循环计划及效果确

认由车间设备主管直接进行把控并记录到设备养护档案中。

从日常保养和定期保养可以看出全员参与的重要性，要想把这项设备管理工作落到实处，需要涉及的所有环节的人员都要参与，包括生产、管理、质量、技术以及维修、操作人员，只有这样才能有效处理设备养护与其他环节发生的干涉现象。

最后，制定相应的管理制度来确保日常及定期保养的常态化运行。对于设备的养护工作，应该制定管理制度来督促监控，毕竟对于具体的养护人员来说，设备维保要比正常生产累得多，需要付出很多。在管理制度上多采用正激励方式，在每一个循环周期的定期保养作业后，可以对实施效果较好的养护小组进行表彰奖励，来激发他们的工作热情。同样，对于劳动强度较小的日常保养，也可以采用适当的负激励方式促使作业人员转变工作作风。

在这一讲中，我们对设备的四联养护法作了较为全面的介绍。在点检、专项养护、日常保养和定期保养这四项工作中，从实施过程与经验来看，难度最大的是如何在高产的形势下有效实施日常保养及定期保养工作。我们总结提炼的定点循环保养法只是其中的一种手段，怎么利用有效的人员、组织出有效的时间来进行养护工作，各单位一定要根据自身不同的生产特点去规划实施，这也是四联养护法有效运行的关键。

第二讲

设备维修和注意事项

设备运维实际上就是在设备运行中发现问题和解决问题，我们可以通过有效的点检、专项养护、日常保养和定期保养大幅降低设备发生故障的概率，但是很难做到 100% 杜绝故障，一旦故障发生，我们仍然需要对其进行修理。本讲主要介绍设备修理以及设备养护时的注意事项。

一、设备修理的定义及分类

从字面意思理解，设备维修包括设备维护（养护）与设备修理两部分。所谓设备修理是指对设备的磨损或损坏所进行的补偿或修复，其实质是补偿设备的物质磨损或性能缺失。根据修理内容、技术要求以及工作量的大小，设备修理可以分为三类：小修，对设备进行局部修理，如焊补、紧固等作业，拆卸部分零部件；项修，是对设备进行部分解体，工作量较大，需进行检修部位的精度调整；大修，则要对设备全部拆卸分解，彻底修理，并对设备进行所有静态、动态精度调整。

对于生产车间的维修人员来说，其工作大部分属于小修范围，小部分归属项修范围，设备的大修则归属专门的机修车间处理。

设备维修模式目前主要有两种：事后修理和预防维修。事后修理是最原始的方式，也就是设备出现故障后采取的应对措施。对一些价值不高的设备，考虑经济性等因素，目前仍然可以采用事后修理的方式。预防维修则是目前制造业主流的维修模式，按规定的周期和方法进行预防性检查，确定维修时间。在故障发生前，有计划地安排设备停机予以养护或更换修理，使生产停机时间最少，损失也最小。从定义上看，预防维修相当于设备四联养护法中点检与专项养护两种方法的结合：通过点检发现设备问题和隐患，根据问题隐患作出修理作业计划，再由维修工或机修车间对设备进行针对性修理、保养以及大修、项修作业。

二、设备维修的注意事项

工业生产中，安全是不能触碰的红线。设备维修工作中，安全同样是重中之重。不管是进行设备的修理作业还是养护作业，我们都要注意以下几点。

（1）防止误操作。只要进行养护或修理作业，都应该在设备控制面板或者电源开关处悬挂“正在维修、禁止操作”的指示牌；进入设备内部，还要按下急停按钮；作业完成后，谁挂牌就由谁负责摘牌。

（2）专人指挥。较大型的养护修理作业需要多人完成，有时需要进行设备的操作或者起吊设备的介入，对于这些设备操作的指挥工作，必须由专人负责，不允许出现多人指挥现象。

（3）协同作业。强电作业或者在一些特殊环境下，为避免出现安全事故，一般是两人或两人以上进行作业。

（4）安全有效的照明。这对保障人身安全及提高作业效率都有很好的辅助作用。

另外，高度超过 2m 的作业环境要系好安全带，做好高空作业防护；配电箱、配电柜的外表面擦拭严禁使用湿抹布，以防触电；保证作业区地面没有油和水，做好防滑倒工作，这些基本的安全措施同样要足够重视。

三、维修经验总结

1. 故障的原因分析多交流

诱发设备故障的原因较多，在处理时应针对故障发生前设备的运行状态、外部因素的影响以及操作者的作业情况加以判断，确定真正的故障诱因。在查找故障原因时，要与操作者以及其他维修人员多交流，切忌一个人闭门造车，尤其是与操作者的交流最为关键，一般来说，操作者自己使用的设备，在某些细节上要比维修人员清楚得多。因此，与操作者的细致交流对分析故障原因及制定修理措施有很大帮助。

2. 制定处理措施多考虑

处理设备故障时需重点考虑三个环节。

第一个环节是考虑车间的实际状况。制定的处理措施要最有效、最快捷地解决设备故障引起的车间痛点与难点。比如，设备故障发生时正好是车间紧急赶订单的关键时期，这时对故障的处理就要重点考虑以最短时间恢复生产为主，故障引起的某一些无关紧要的设备辅助功能甚至可以忽略。高产期间设备修理时，更多关注的是生产车间的安全、质量和产量指标，成本指标可以放在最后。

第二个环节是考虑故障处理的关键点。要抓住故障处理过程中的难点、要点，制定缜密可行的方法，否则可能会把故障扩大化。如图 18 所示，这个比较大的设备故障用了 3 周的维修时间。这个故障是设备 C 轴的滑环箱损坏，需要更换。更换滑环箱得把 C 轴整套地从设备滑枕里拆出来，但是 C 轴接近 10t 重，而且设备的主轴还套装在 C 轴里。解决这个故障的难点有两个：一是更换好损坏的滑环

（a）修理前的精度测量

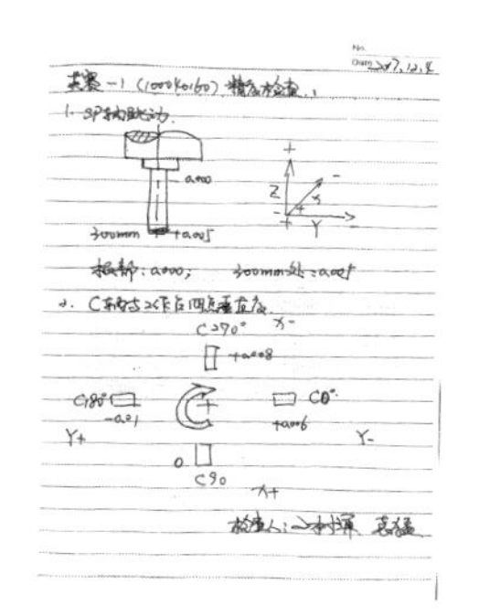

（b）记录测量结果

（c）制定关键部件回装方法

（d）关键部件回装前测量

图 18　故障部位拆卸前精度的测量记录和关键部件回装前的精度测量

箱后，怎么把 10t 重的 C 轴回装到与它只有 0.01mm 间隙的滑枕里；二是回装以后，怎么样才能使套装在 C 轴里的主轴精度不超差。在修理之前要充分考虑这两点因素，做很周密的处理措施，修理任务才能顺利完成。

第三个环节是考虑防止故障再发生措施。修理过程是对故障部位充分分析研究的过程，其间最容易发现设备的先天性缺陷。而先天性缺陷极易导致设备频繁发生突发故障，如果加以改善，就可以有效降低故障率。比如，某公司有一批国外加工中心，数量近 20 台，这批加工中心使用约 3 年后，它们的光栅尺开始频繁发生故障。光栅尺是加工中心的位置检测反馈元件，精密且价格昂贵，当时的故障率达 40%，频繁损坏造成维修费用持续升高，停产损失更大。该公司对这个部位的结构进行充分的分析研究后，找出了 4 项可能引发这个故障的设计缺陷，并针对缺陷进行了相应的改进，把该部位的故障率直接由 40% 降到了 1% 以内。所以说，防止故障再发生措施只要得当，对故障率和生产成本都会有很好的控制。

3. 典型案例多总结

俗话说得好，好记性不如烂笔头。处理完一个故障，一周之内只要仔细回忆一下，所有环节应该都记得。但是一个月以后呢？一年以后呢？估计能记住的东西也很模糊。所以，维修工作一定要重视总结，最好形成文字性材料。建议维修岗位的技师级别及以上人员每年要完成故障案例分析两篇，如图 19 所示，是笔者多年来编写的一部分维修案例。这项措施对编写者来说是一次很好的总结提炼过程，完成一篇案例分析相当于又处理了一遍故障，对其他同行处理类似故障也提供了参考性建议，切实起到了技能技艺交流传授的作用。

› 此电脑 › 办公 (E:) › 案例分析 › 王树军

名称	修改日期	类型	大小
14年二季度-斗山加工中心主轴部位冷却...	2015/12/8 12:51	Microsoft Word ...	698 KB
14年三季度 HELLER加工中心光栅尺频繁...	2016/3/4 8:48	Microsoft Word ...	1,956 KB
14年四季度-丰田加工中心主轴后端漏液...	2016/11/6 13:46	Microsoft Word ...	223 KB
14年一季度-NAGEL珩磨机涨刀机构步差...	2014/9/23 19:44	Microsoft Word ...	452 KB
15年二季度机体总成自动拧紧装置的设...	2016/4/15 11:00	Microsoft Word ...	395 KB
15年三季度-气缸盖自动机铰装置的设计...	2017/11/16 11:27	Microsoft Word ...	324 KB
15年四季度-入库曲轴箱自动装配单元的...	2015/12/7 8:26	Microsoft Word ...	2,385 KB
15年一季度-MCH350加工中心加工区工...	2017/10/7 10:46	Microsoft Word ...	1,072 KB
16年二季度-M46304海勒加工中心工件...	2017/3/23 16:14	Microsoft Word ...	1,187 KB
16年三季度-HELLER加工中心液压工装...	2015/12/8 12:48	Microsoft Word ...	1,222 KB
16年四季度-斗山加工中心缸孔镗刀振刀...	2015/12/8 12:49	Microsoft Word ...	314 KB
16年一季度-王树军-DUM227工件定位...	2017/5/21 10:00	Microsoft Word ...	3,411 KB
17年上半年-王树军-DUM227枪铰机工...	2017/7/28 8:41	Microsoft Word ...	3,901 KB
17年下半年-王树军MCH350加工中心加...	2017/10/11 16:42	Microsoft Word ...	1,688 KB
18年上半年-英赛龙门五轴加工中心滑环...	2018/12/15 18:29	Microsoft Word ...	6,022 KB
18年下半年-机械-长距离移栽地轨的铺设...	2020/5/30 12:55	Microsoft Word ...	1,929 KB
19年上半年-王树军-HM800加工中心换...	2019/5/15 9:36	Microsoft Word ...	2,826 KB
19年下半年-王树军-一种防切削液流淌的...	2019/10/13 16:26	Microsoft Word ...	634 KB
20年上半年-自动夹具夹松监控技术的现...	2020/5/14 13:00	Microsoft Word ...	4,680 KB

图 19 部分电子档维修案例

第三讲

加工中心自动换刀装置故障维修

某公司生产的 HM800 型加工中心主要承担半精加工缸盖上平面孔系生产任务。一家企业采购了多台该型设备，在使用 10 年之后，该设备操作者反馈在加工过程中换刀动作不正常，时常有换刀手爪卡滞现象，如图 20 所示。

图 20 换刀动作异常

故障维修的第一步应该根据故障现象对设备的故障原因进行分析。通过操作者描述和现场观察，在换刀过程中换刀手爪经常有卡滞现象。由于该换刀机构采用步进电机驱动凸轮机构方式，换刀的整个过程电机运行正常，由此可以判断该故障为机械故障。对凸轮换刀机构进行拆检后，发现该换刀机构拨叉固定轴销存在变形现象，维修人员分析认为可能是长期使用引起的疲劳状况，遂对其进行更换，更换调整后故障消失。

此后，又有3台该型加工中心出现类似故障，换刀过程电机运行正常。故障现象表现为两种：一种是换刀动作未完成；另一种是换刀手爪动作时有卡滞现象。拆检发现均为换刀机构拨叉固定轴销断裂或变形。如图21所示，如断裂，则无法完成换刀动作；如变形，则引起换刀卡滞，变形较大时，也会引起换刀动作中断。

图21　损坏的拨叉固定轴销

处理该故障的方法就是更换损坏的拨叉固定轴销，但该故障能在短期内发生在多台设备上，肯定不是一个正常现象，因此必须查找故障诱发原因，从而杜绝故障再次发生。

一、分析梳理

该型加工中心使用凸轮式换刀装置，如图 22（a）、（b）所示。故障中损坏的固定轴销（5）通过一对圆锥辊子轴承将拨叉（8）固定在换刀机构上盖部，凸轮（1）由中心部传动轴与驱动减速机相连，凸轮上端面加工有一道不规则环形凹槽，圆柱面加工有多道圆滑过渡凹槽，凹槽的作用是凸轮在旋转状态下，驱动与其配合的滚轮轴承做出相对位移。由其配合联系可看出，上端面凹槽与上盖部滚轮轴承（4）配合，用以驱动拨叉（8）做摆动，通过滚轮轴承（6）拨动拔刀杆（3），使其做往复直线运动，完成刀具的拔插动作；圆柱面凹槽与传动轴（2）的四个滚轮轴承（7）配合，用以驱动传动轴（2）通过齿轮带动拔刀杆花键轴做间歇式旋转运动，完成换刀臂的间歇式旋转动作。

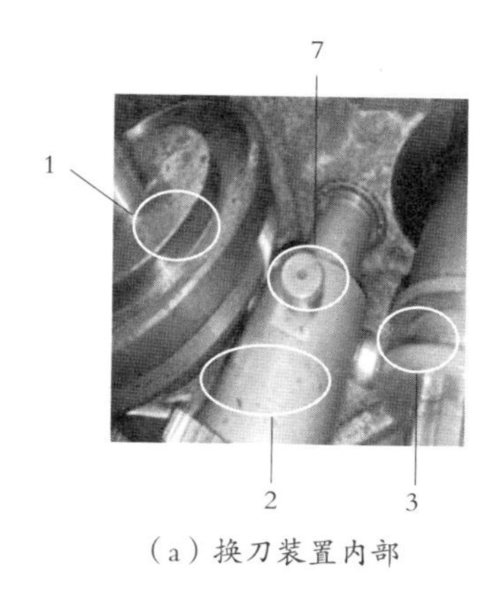

（a）换刀装置内部

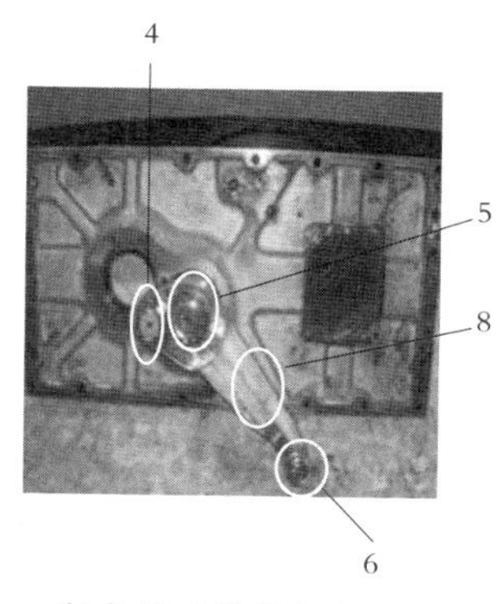

（b）换刀装置上盖

图 22　换刀装置

1–凸轮；2–传动轴；3–拔刀杆；4–凸轮上端面凹槽滚轮轴承；5–拨叉固定轴销；6–拔刀杆凹槽滚轮轴承；7–凸轮圆柱面凹槽滚轮轴承；8–拨叉

拨叉固定轴销（5）设计为中空方式，壁厚4mm。通过对换刀装置结构分析可知，之所以将其设计为中空方式，是为了让其起到保险轴销的作用：拔插刀过程中如出现较大阻滞，中空的拨叉固定轴销在轴承安装部位根部会因受剪切力而断裂或变形，从而保护其他零件。从其原理分析，拨叉固定轴销变形或断裂是在拔插刀具过程中由该轴销受到阻力而引起的，这就需要找到刀具拔插受到阻滞的原因。所以，还要分析刀具的拔插动作以及换刀动作，如图 23 所示。

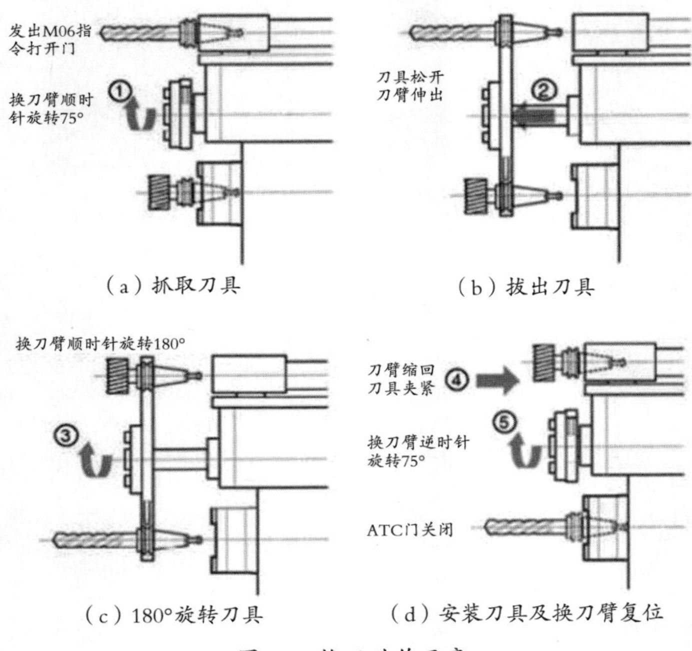

（a）抓取刀具　（b）拔出刀具

（c）180°旋转刀具　（d）安装刀具及换刀臂复位

图 23　换刀动作示意

换刀步骤如下。

①机床发出换刀指令后，主轴快速返回换刀点，此时换刀预备位已有待换刀具等候，换刀门打

开，换刀臂顺时针旋转75°，换刀手爪完成主轴及换刀预备位上的刀具抓取动作；

②主轴上刀具松开，换刀臂伸出，此时，两个刀具随刀臂伸出后沿主轴轴线远离主轴方向移动，与主轴及刀座脱离；

③换刀臂顺时针旋转180°，两个刀具完成位置交换；

④换刀臂缩回，两个刀具沿主轴轴线接近主轴方向移动，分别插入主轴及换刀预备位刀座，主轴上的刀具夹紧；

⑤换刀臂逆时针旋转75°回到初始位置，换刀门关闭。

二、原因分析

以上五步完成了两个刀具的交换。根据换刀的动作，可以分析刀具拔插受到阻滞的原因：其中进行步骤②和步骤④时，主轴上及预备位刀杯的两个刀具必须完全松开，否则会在刀具拔插时产生很大的抗力，从而导致拨叉固定轴销受剪切力而变形或断裂，这是疑似原因之一。

刀具更换时，主轴及预备位刀杯需准确位于换刀位置，这两个位置与换刀臂拔插刀位置重合度越高，刀具拔插越顺畅，拨叉固定轴销受力越小，反之受力越大，这是疑似原因之二。

以上两处疑似原因是初期判断。在疑似原因之一中，刀具未完全松开的原因大致有两种，一种是感应块的位置调整不良，另一种是松刀油缸行程未达到。疑似原因之二中的换刀位置则需要使用三件套检查确认。

但是维修后的实际使用效果并不理想，拨叉固定轴销仍然还有断裂现象。进一步查找原因后，又发现疑似原因之三：润滑油的加注。图 24 所示为不同机床检修该部位时留存的照片。润滑油加注量普遍存在油位过高现象。通过与操作者交流得知，该换刀装置无润滑油加注指示油窗，且油液加注困难，为确保不失油，往往造成加注油量过大。通过

图 24　润滑油实际加注状况

现场检查，可以确认该问题确实存在。

针对换刀装置润滑油加注过量会导致拨叉固定轴销断裂或变形的原因，进行以下分析：

拔刀杆部位结构分析，如图 25 所示，刀具的

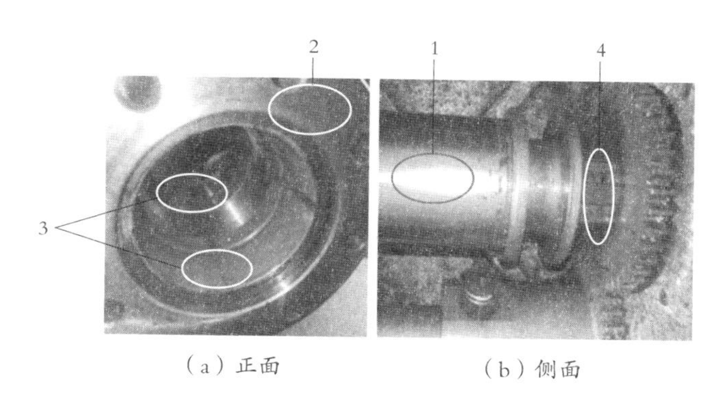

（a）正面　（b）侧面

图 25　拔刀杆部结构

1-拔刀杆；2-固定套筒；3-滑动轴承；4-花键轴

拔插，是拨叉拨动拔刀杆（1）进行的。拔刀杆安装在固定套筒（2）里，靠两件滑动轴承（3）支撑，并与旋转驱动花键轴（4）套装。

润滑油加注后，拔刀杆一部分始终浸在换刀机构的油池里，油液可以对固定套筒内的滑动轴承及花键轴套润滑，拔刀杆的前端装有密封端盖，如图 26 所示。刀具拔插时拔刀杆沿花键轴及固定套筒做直线位移动作，会造成花键轴套内容积的变化，如图 27 所示，花键配合只在花键的顶底处存有少量间隙，如花键轴套处于完全沉入油液状态，则花键轴套内空间会被油液填充。换刀装置加注的是 CC320 润滑油，黏度较高，拔刀杆做快速移动时，润滑油

图 26　密封端盖

图 27　花键轴套内腔

被吸入或挤出花键轴套内腔，会导致刀具拔插时产生很大的阻滞力，这个阻滞力就是导致拨叉固定轴销变形或断裂的根本原因。

三、维修措施

针对以上分析的原因，可以采取以下维修措施。

1. 整理故障修复工具和量检具

修复工具包括：6mm 加长 T 型内六角扳手、拔销器、维修常用工具、常规吊具。量检具包括：0~120mm 游标卡尺、三件套、深度游标卡尺。

2. 准备工作

手动状态下，将主轴，X、Y、Z 轴置于方便拆卸换刀装置驱动减速机位置，松开刀库门气缸活塞杆固定螺母，人工打开刀库门。关机并切断电源，挂维修作业牌。

3. 检查修理工作

故障原因分析是上述查找出的三个疑似原因。在疑似原因之一中，刀具未完全松开需要检查调整感应块的位置，检查松刀油缸行程；在疑似原因之二中，需要检查调整换刀位置；在疑似原因之三中，需要检查换刀装置润滑油位。

（1）刀具未完全松开的检查及修理。一是感应块位置的检查调整。换刀过程中，主轴拉刀装置的松夹是由感应开关提供信号后执行的，如图 28 所示。由于三支感应开关位置是固定的，因此感应块的位置决定了刀具夹紧松开的时机。在三支感应开关中，最上方的一支反馈换刀臂原位，中间的一支是刀具松开的触发开关，最下方一支则触发刀具夹

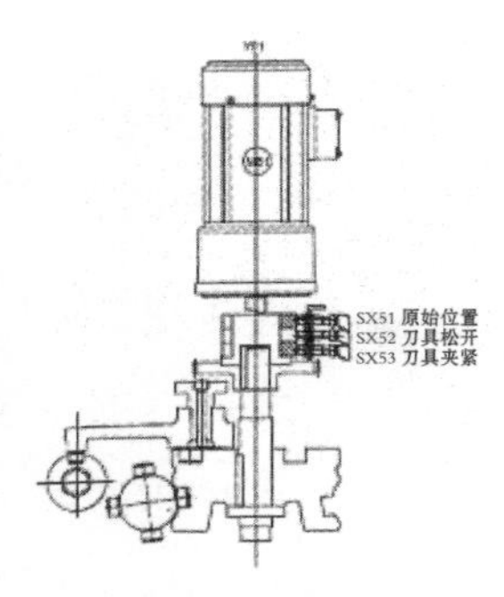

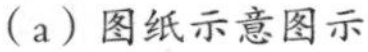
（a）图纸示意图示

（b）现场实物图示

图 28　换刀装置三处感应位置

紧。由此可以看出，如果触发刀具松开的开关滞后或者触发刀具夹紧的开关超前，则易引起刀具拔插时产生很大的阻滞力，感应块是使用M8内六方顶丝顶紧的。调整时应注意两个方面：一方面是触发刀具夹紧松开开关的感应块应处在触发开关的中间位置；另一方面是调整后，感应块应紧固有效。

二是检查松刀油缸行程。这个原因导致刀具拔插受到阻滞的概率较低，因为如果松刀油缸行程未达到，油缸后感应开关会发出报警信号。因此，只要确认油缸后的感应开关固定良好、功能正常即可。同时使用拉刀力检测仪确认拉刀力在30kN的合格范围内，或者使用深度尺检查主轴拉刀器夹紧松开时的往复直线运动距离，大于11mm即为正常。

（2）换刀位置的检查调整。需要检查的位置有两处：主轴换刀位和刀具预备位。主轴换刀位为伺服控制，设定好后，位置稳定度较高；刀具预备位安放在设备床体与刀库上方，面积较大，操作者清理设备顶部时的踩踏都可能引起该部位的位置变化，导致刀杯到位的稳定性降低。因此，使用三件套检查调整这两处换刀位置时，该位置应重点关注，检查方式如图 29 所示。刀具预备位一旦偏移，可通过调整到位螺钉来修正位置。如主轴换刀位置偏移，则需调整参数修整。调整结束后，进行换刀循环实验，确保换刀无卡滞现象。

图 29 使用三件套检查修整两处换刀位置

（3）润滑油的合理加注。对于换刀装置而言，润滑油加注过少（失油）会造成运动部件粘连，严重时造成机构卡死；润滑油加注过多则会增加运动阻力，使刀具拔插受到阻滞。因此，该部位润滑油合理的加注液位应该在花键轴一半以下，由于该装置无观察油窗，只能从加注口检查润滑油的加注量，如图 30 所示。

（a）油液加注口盖板

（b）通过加注口观察油位

图 30　换刀装置油液加注

4. 防止故障再发生措施

换刀装置是否正常运行可目视检查。平时在加工过程中应关注换刀动作的顺畅及连续性，一旦出现卡滞现象，需及时维修调整。

对于换刀位置及润滑油位的检查，严格执行设备点巡检制度，每季度进行定期检查调整即可。

后　记

机床是制造业的基础和核心。随着我国制造业高质量发展的不断深入，我们对国外高端机床的需求逐渐增加，因此，管好、用好、修好我们手中的这些国外高端机床也是装备维保从业者为之努力的方向。

新中国成立70多年来，我国工人阶级和广大劳动群众在党的领导下，与祖国同成长，特别是进入新时代以来，我们在实现中国梦伟大征程中拼搏奋斗、勇攀高峰，传统工业领域产生了一大批大国重器，高新技术产业中的众多技术引领世界。但是，我们也应该清醒地认识到我们在高端机床制造领域与国际先进技术的差距。近20年来，我依托企业平台，以工作室为载体，和团队成员一起在高端机床维修领域不断探索，并创造多种操作法打破国外厂商垄断维修的局面。但面对国外日新月异的先进装备技术，我深深体会到，只有努力奔跑，才能跟得上高端装备技术的发展步伐。

多年的装备维护工作经验告诉我，没有越修越好的设备。目前来看，通过各种有效手段保障装备零故障运行是装备人的职责，这就需要我们不断地学习。设备维护是干到老、学到老的一个职业，正如习近平总书记在2020年全国劳动模范和先进工作者表彰大会上强调：“我国工人阶级和广大劳动群众要树立终身学习的理念，养成善于学习、勤于思考的习惯，实现学以养德、学以增智、学以致用。”

本书向各位同仁介绍的是我从事装备维护工作30年来的一些心得体会，有很多不足与欠缺仍需不断完善，诚恳希望各位专家和同行多提宝贵意见。

2023年8月

图书在版编目（CIP）数据

王树军工作法：设备的养护与修理 /王树军著. —北京：
中国工人出版社，2024.6
ISBN 978-7-5008-8107-0
Ⅰ. ①王… Ⅱ. ①王… Ⅲ. ①工业生产设备－维修 Ⅳ. ①TB4
中国国家版本馆CIP数据核字（2023）第253256号

王树军工作法：设备的养护与修理

出 版 人　董　宽
责任编辑　孟　阳
责任校对　张　彦
责任印制　栾征宇
出版发行　中国工人出版社
地　　址　北京市东城区鼓楼外大街45号　邮编：100120
网　　址　http://www.wp-china.com
电　　话　（010）62005043（总编室）
　　　　　（010）62005039（印制管理中心）
　　　　　（010）62379038（职工教育编辑室）
发行热线　（010）82029051　62383056
经　　销　各地书店
印　　刷　北京市密东印刷有限公司
开　　本　787毫米×1092毫米　1/32
印　　张　2.625
字　　数　36千字
版　　次　2024年7月第1版　2024年7月第1次印刷
定　　价　28.00元

本书如有破损、缺页、装订错误，请与本社印制管理中心联系更换
版权所有 侵权必究